AF357036

LE

TABAC

PAR

J. FÈVRE

> Je ne suis pas éloigné de regar
> der, avec Michelet, la consomma
> tion du tabac comme un des fléaux
> de l'époque actuelle.
> (PROUDHON, *Théorie de l'Impôt*, p. 325.

PARIS

TOLRA et HATON, Libraires-Éditeurs,

08, rue Bonaparte

1863

Publié dans un but de propagande, cet almanach a été vivement recommandé par tous les journaux religieux. A la fois instructif et amusant, il répond, n'en doutons pas, à un besoin réel. Voici, du reste, en quels termes il a été apprécié par le *Monde* dès son apparition :

« ...... Sur cent almanachs, il y en a quatre-vingt-dix de mauvais, peut-être trois ou quatre d'indifférents, à peine deux ou trois de bons. Nous nous empressons de signaler parmi ces derniers, l'*Almanach chrétien*. Nous le recommandons principalement commé utile à opposer à l'*Almanach des bons Conseils*, à l'*Almanach des Familles* et quelques autres qui sont rédigés par des protestants. L'*Almanach chrétien* donne des conseils pour les travaux agricoles de chaque mois ; il fait connaître l'Église catholique et l'esprit du protestantisme, et il contient différentes nouvelles et anecdotes dont la lecture est aussi intéressante qu'instructive. C'est là, nous le répétons, un bon almanach, et qu'on peut recommander en toute confiance.

Le bulletin publié par l'*Association catholique de saint François de Sales*. pour la défense et la conservation de la foi ajoute dans son N° de septembre 1862 :

« Nous rappelons et recommandons à nos associés l'ALMANACH CHRÉTIEN de 1863, destiné à contrebalancer la mauvaise influence des almanachs protestants des *bons conseils* et autres, qu'on répand parmi les catholiques.

« L'almanach est le livre populaire par excellence ; il n'est personne qui n'en lise un, et on lit le premier qu'on a reçu. Il est donc important de prévenir par un bon almanach la distribution de mauvais almanachs qui se fait chaque année.

LE TABAC

Il y a trois cents ans, au moment où l'Ambassadeur Nicot allait apporter, en France, les premiers plants de tabac, un homme d'esprit aurait pu demander audience au cardinal de Lorraine, premier ministre, et lui tenir à peu près ce discours :

« Monseigneur, les finances de l'Etat sont habituellement d'une santé très-délicate ; elles doivent être, pour le quart d'heure, dans une assez piètre situation. Je viens vous proposer l'établissement d'un impôt qui fera entrer dans vos coffres, en un temps donné, plusieurs centaines de millions, impôt volontaire, auquel personne ne sera astreint et auquel tout le monde voudra contribuer.

— Ce que vous dites-là est curieux ; voyons un peu votre projet ? aurait dit le cardinal.

« — Le voici, Monseigneur. Il s'agirait, pour l'Etat, de se réserver le privilége exclusif de vendre une herbe que l'on réduirait en poudre et qu'on s'introduirait dans les narines ; on pourrait également laisser cette herbe en feuille et la mâcher, ou encore la hacher, la brûler et en aspirer la fumée.

— C'est donc un parfum plus délicieux que l'ambre, la rose, la civette ?

— Non ; aurait répondu le postulant, ça sent très-mauvais.

— C'est donc une panacée, une thériaque, un orviétan ayant des vertus merveilleuses et disputant l'homme au trépas ?

— Non ; c'est très-nuisible à la bourse, plus nuisible encore à la santé, à la vigueur des membres, à la beauté du visage et au libre exercice des facultés de l'intelligence. De plus, c'est très-dangereux et ceux qui se laisseront aller à l'abus pourront bien s'empoisonner, mais, en France, avec le temps, on s'habitue à tout, même au poison.

— Et combien croyez-vous qu'il y ait d'imbéciles et de fous qui consentiront à se mettre votre herbe dans la bouche et dans les narines ?

— Vingt millions, Monseigneur. »

A ce mot, je crois voir le cardinal se lever de son fauteuil pour appeler ses laquais ou crier à la garde de le débarrasser de cet absurde visiteur. J'imagine même que si, dans un mouvement d'humeur, il l'eut fait jeter dans un cul de basse-fosse, il eut cru, en bonne raison et conscience, n'avoir enfermé qu'un fou.

Eh bien ! le cardinal de Lorraine se fut trompé. Les Français, aujourd'hui, brûlent, aspirent, mâchent, chaque année, quatorze millions de kilogrammes de tabac. Et, cette année même, l'impôt sur cette drogue rapportera à l'Etat deux cent vingt millions.

Je me propose de résumer ici, pour le bien de la jeunesse, les raisons qui doivent décider un homme de sens à ne point faire usage de tabac.

I

Débarrassons d'abord d'un vieux préjugé le terrain de la discussion.

Lorsque vous entamez un fumeur, si peu qu'il ait de culture, il vous riposte avec les deux vers de Thomas Corneille :

> Quoiqu'en dise Aristote et sa docte cabale,
> Le tabac est divin et n'a rien qui l'égale.

Un sourire plus ou moins galant assaisonne la citation et mon homme, sourd à vos raisons, se rengorge dans la fumée avec l'autorité de Corneille et les agréments de son sourire.

Cette citation est faite hors de propos. Molière, qui avait le sentiment du ridicule, dans le passage versifié par Thomas Corneille, n'a point voulu encourager, mais ridiculiser l'usage du tabac. Je le cite en me contentant de souligner les endroits où l'enflure de l'hyperbole fait mieux ressortir le sentiment du poète :

« Quoique puissent dire Aristote et toute la philosophie (c'est Sganarelle, un valet de chambre, qui a ces hautes visées), il n'est *rien d'égal* au tabac : c'est *la passion des honnêtes gens* ; et *qui vit sans tabac n'est pas digne de vivre.* Non-seulement il réjouit et purge le cerveau humain, mais encore *il instruit les âmes à la vertu*, et l'on apprend avec lui *à devenir honnête homme.* Ne voyez-vous pas bien, dès qu'on en prend, de quelle manière obligeante on en use avec tout le monde, et comme on est ravi d'en donner à droite et à gauche, partout où l'on se trouve. On n'attend pas même que l'on vous en demande, et l'on court au devant du souhait des gens : tant il est vrai que le tabac *inspire des sentiments d'honneur et de vertu* à tous ceux qui en prennent. »

Sganarelle débite cette tirade sur un ton nazillard, faisant force gestes et grimaces, et montrant au public une boîte énorme que vous prendriez moins pour une tabatière que pour une malle de voyage.

Certes, si la vertu, l'honneur et toutes les vertus pompeusement énumérées par Sganarelle étaient dans la tabatière, je serais le premier à vous en conseiller l'acquisition. Aux inconvénients du tabac près, qui voudrait n'acheter, à ce prix, des biens si désirables ? Mais, non ; la tabatière ne vous donne même pas ces petits agréments de société que prise si fort le valet de comédie.

De douze à dix-huit ans, les jeunes gens qui n'ont pas d'esprit s'ajustent une pipe à la bouche, marchent en troubadours déhanchés, balancent leurs bras, soulèvent du pied la poussière, vomissent des tourbillons de fumée et croient tout bonnement se donner, à si peu de frais, des airs de personnages.

Ce qu'ils se donnent plus sûrement, ce sont des

airs d'imbécillité et un certificat d'imprudence.

D'autres, plus âgés et non moins enfants, se font cadeau d'une tabatière de forme burlesque et d'ornementation étrange. Ce petit meuble, très-discrètement placé dans le fond de leur poche, doit servir à lier, à ranimer, à embellir les conversations. A la première rencontre, vite la tabatière : « Voyons, père Gros-Nez, est-ce qu'on ne prend pas une petite prise ? » Le père Gros-Nez s'arrête, on cause ; la conversation, comme les sermons du temps passé, se divise en trois points : les agréments d'une petite prise, les curieux ornements de la tabatière et sa forme comique, plus quelques variations sur la pluie, le soleil, la lune et les étoiles. Qu'on dise encore que, le tabac ne donne pas d'idées.

Grands enfants que vous êtes ! vous croyez remplacer l'esprit par le tabac et semer des prises pour récolter la considération. Si je ne vous voyais si sérieux avec votre grenier tabagique, je serais tenté de rire. Mais, puisque vous vous donnez des airs d'augure, permettez-moi de vous dire que le tabac n'ajoute rien au mérite. Si vous avez de longs services, des talents, de l'expérience, ne donnez pas à votre statue pour piédestal une tabatière ; si vous êtes dépourvu de titres solides à l'estime des bonnes gens, n'aggravez pas cette absence de titres par la présence d'un si vilain objet.

Et vous, jeunes gens, ôtez cette pipe étonnée de se trouver sur vos lèvres. Vous voulez qu'on vous prenne pour des hommes, soyez hommes par la gravité précoco de votre intelligence, par les nobles sentiments de vos cœurs, par la modestie de votre caractère et par votre ardeur au travail. Si vous croyez le devenir en affichant des allures de dandy, vous vous trompez ; vous vous ferez tout bonnement prendre pour des sots, et vous courrez risque de devenir de mauvais sujets.

II

Je trouve un premier argument, contre le tabac, dans l'histoire de son introduction en Europe.

C'est d'Amérique, où il est indigène, que nous est venu l'usage du tabac. A son premier voyage, Christophe Colomb vit, dans l'île de Cuba, des Indiens fumant des feuilles de tabac roulées en *mousqueton*, selon l'expression de Las Casas. Les soldats de l'expédition — ces gens sont d'ordinaire peu portés à la tempérance — empruntèrent la coutume des sauvages et l'apportèrent au retour. Jean Nicot, ambassadeur de France en Portugal, introduisit chez nous le tabac vers le milieu du seizième siècle. Il l'avait reçu du grand prieur de Lisbonne à titre de curiosité végétale et pharmaceutique. Aussi ce fut sous le nom d'herbe du grand prieur que le tabac fit son entrée en France ; il se changea bientôt contre celui d'herbe à la reine, après qu'il eût été présenté à Catherine de Médicis. Au Brésil, on l'appelait *Pétun ;* Linnée, pour honorer la mémoire de son introducteur, aurait voulu le nommer *Nicotiana ;* mais il a définitivement gardé le nom de tabac, que lui donnaient les Caraïbes.

Lors de son introduction, le tabac fut l'objet de la

plus vive répulsion de la part de tous les gouvernements. Pour arrêter la propagation et la consommation
de cette *herbe sale et puante* comme on disait alors, ils
ne craignirent pas de porter des ordonnances répres-
sives. Urbain VIII, par une bulle de l'an 1604, excom-
muniait tous ceux qui prisaient dans les églises. Les
prêtres, coupables d'infraction à la bulle, devaient en-
courir l'amende et l'excommunication. Des princes
même réputés barbares l'interdirent à leurs sujets. Le Tzar de Russie, le Sultan des Turcs et le
Schah de Perse en défendaient l'usage sous peine
d'avoir le nez coupé, moyen extrême, mais rationnel
pour empêcher la récidive. Les nations plus civilisées
n'allèrent pas aussi loin ; cependant Jacques Ier, roi
d'Angleterre, écrivit contre l'usage pernicieux du tabac. « A la cour de Louis XIV, dit Voltaire, il n'était
pas permis de mettre dans son nez cette poussière
acre et malpropre. » Dans la bonne société, il n'était
point permis non plus de se présenter avec une pipe ;
on ne fumait qu'en se cachant ; aujourd'hui même,
on n'allume pas un cigare, dans une assemblée, sans
en avoir, au préalable, obtenu permission. En 1699,
l'école de médecine de Paris examina la question de
savoir si l'usage du tabac abrégeait la vie ; la thèse
fut soutenue par Claude Berger, et la conclusion fut
pour l'affirmative. Ainsi, messieurs les priseurs, si
votre nez n'a rien à craindre du couteau de l'exécu-
teur, votre vie, de par l'école de médecine, peut être
atteinte par les poisons de la tabatière.

Les gouvernements, se voyant dans l'impuissance

d'arrêter le tabac, en firent un moyen de revenu. Le cardinal de Richelieu afferma la régie pour cinq cent mille francs. Depuis ce temps, l'institution a fait des progrès ; aujourd'hui le tabac rapporte, à l'Etat, la somme énorme que nous avons dite. Je voudrais *qu'il soit mis en demeure* de rapporter encore davantage. S'il est un impôt raisonnable, bien placé, dont personne n'ait à se plaindre, c'est assurément l'impôt du tabac.

III

L'usage du tabac, en France, ne se répandit pas tout d'un coup. Sous Louis XIV, on ne faisait guère usage que de la tabatière, et encore ce n'était pas un meuble connu du peuple. Le Parlement, du reste, l'avait interdit par une sentence. Or, un certain soir, après un certain souper, les filles légitimes de Louis XIV envoyèrent chercher des pipes au corps de garde et se donnèrent d'affreuses nausées, pour pouvoir se vanter ensuite d'avoir bravé un édit du Parlement.

Sous la régence, on proclame la tabatière le lien de sociabilité par excellence : on continue de réprouver la pipe. Sous Louis XV, la prise va son chemin, mais avec cette différence que, du temps du grand roi, on avait une tabatière pour prendre du tabac, tandis que sous son petit-fils, on prenait du tabac pour se remparer d'une jolie tabatière.

Sous Louis XVI, pour ridiculiser les réformes de Turgot, on inventa la tabatière plate qu'on appela *turgotine* ou *platitude*. Quand on se rencontrait, c'était à qui montrerait sa platitude le premier. La plupart, pour cela, n'avaient pas besoin de tabatière.

L'assemblée constituante abolit la régie créée par Richelieu malgré l'éloquente opposition de Mirabeau. A dater de ce moment, on frappe sur les tabatières à tout briser et on commence à fumer avec acharnement.

Napoléon rétablit le monopole. Napoléon prisait à la façon du grand prieur de Vendôme en plongeant la main droite dans la poche gauche de son gilet, mais il ne fumait pas. Un ambassadeur persan, lui ayant fait cadeau d'une superbe pipe, l'Empereur voulut en faire l'essai. Le feu fut appliqué sur le récipient, il ne s'agissait que de le faire communiquer au tabac, mais Sa Majesté ne savait pas trop la manière de s'y prendre. « Comment, diable, disait-il, on n'en finit pas. » Son valet lui ayant allumé sa pipe, la lui rendit, mais, à la première aspiration, l'Empereur, suffoqué par la fumée, s'écria : « Otez-moi cela, quelle infection ! Oh ! les c......! Le cœur me tourne. » Napoléon repoussa toujours la pipe : « dont l'habitude, disait-il, n'est bonne qu'à désennuyer les fainéants. »

Malgré la réprobation de ce grand homme, le tabac, depuis quelques années, est en grande faveur. On pourrait se demander si le tabac a été fait pour le nez ou le nez pour le tabac. On fume, on prise, on chique avec une espèce de fureur. A tel point que tous les hommes sérieux, même le moins soucieux des grands intérêts du pays, en sont à se demander si le tabac ne serait pas un des fléaux de l'époque actuelle.

IV

On cultive le tabac dans douze départements de France. On le plante dans les sols profonds, meubles, frais, exposés au levant ou au midi. J'aime à penser que nos planteurs font cette culture avec intelligence et je suis persuadé que la régie ne néglige rien pour fournir aux consommateurs un excellent tabac. Mais je dois dire aussi, qu'il nous vient du tabac de l'étranger, et je puis assurer que, si ce tabac est supérieur au nôtre comme produit, il est souvent inférieur comme fabrication.

Ainsi on a pu constater des falsifications dangereuses dans ses diverses préparations, toutes ayant pour but de lui donner un meilleur arôme ou plus de poids. La chimie a reconnu que certains tabacs à fumer devaient leur coloration à la noix de galle, au sulfate de fer et au bois de campêche. Elle y a reconnu de l'alun, des sels corrosifs, comme le muriate de mercure, des sels de plomb. Le tabac d'Espagne fut préparé avec du minium, afin de lui donner plus de couleur et de poids ; le tabac jaune le fut avec la gomme gutte, et le tabac noir avec des graines de cédaville. On peut consulter, à ce sujet, les ouvrages de Remer, professeur à l'Université de Kœnigsberg, de Hufeland sur l'art de prolonger la vie et le journal de police judiciaire pharmaco-chimique.

Qu'en dites-vous, messieurs, si votre tabac venait de l'étranger, et s'il y avait des sels corrosifs dans le fond de votre tabatière ou dans le culot de votre pipe ?

V

Nous allons assister maintenant aux débuts d'un jeune fumeur et d'un jeune priseur. Spectacle gratuit en deux tableaux, et pas besoin de grosse caisse pour que la représentation vous intéresse.

Vous voyez ce jeune homme à table avec un ami qui est venu le visiter. Le repas est gai, tout le monde est content. Après le repas, les convives se dispersent, les deux amis vont, sous la tonnelle, deviser du collége. Le visiteur a apporté des cigares, on fume. Tout à coup, notre aimable jeune homme perd son sourire ; il devient froid, d'un froid de glace, mais il veut faire bonne contenance ; il pâlit, on dirait qu'il va mourir ; enfin il éclate et vomit, comme disent les villageois, *tripes et boyaux*. La pauvre mère accourt : « Mais qu'as-tu donc, mon ami ? Est-ce que tu es malade ? Faut-il envoyer chercher le médecin ? » Le pauvre garçon se tord, se démène, se serre le ventre. « Ah ! que je suis donc malade ! » dit-il avec une douloureuse lenteur. Et il vomit, et il vomit... Vous connaissez sa maladie... Il a fumé.

Vous voyez ce groupe animé de joyeux causeurs. Un des interlocuteurs tire sa tabatière et la passe à la ronde. Arrivant à un jeune homme, il éprouve un refus : « Allons, voyons, jeune homme, la petite prise, ça dissipe et évacue les humeurs aquatiques d'un cerveau marécageux. » Le jeune homme se laisse vaincre et introduit un doigt timide dans le grenier tabagique. Il prend sa prise ; mais soit que sa main, soit

que son nez manque d'expérience, il éternue avec
une solennité ridicule. En éternuant, le tabac des-
cend dans la bouche et voilà mon homme en proie à
des nausées. Ou bien il monte du côté du cerveau et
le garçon bleuit, tombe en défaillance avec une sueur
froide et des accidents qui font craindre pour sa vie.
Vous connaissez sa maladie... Il a prisé.

C'est là, en abrégé, l'histoire de tous les débutants.
Le premier usage du tabac les étourdit, les
enivre, les rend malades. Ils sont obligés, pour
s'habituer, de vaincre les répugnances de leur
nature, et ils ne l'emportent que de haute lutte.
Dites-moi ; si le tabac était bon à l'homme, serait-il
nécessaire de passer par un si pénible noviciat pour
arriver à la pipe ou à la tabatière ?... Il n'y a pas tant
à faire pour s'habituer à boire un verre de vin et à
casser la croustille.

VI

Combien peut coûter à un consommateur ordinaire
l'usage du tabac ?

Un priseur peut consommer pour un sou, deux sous
de tabac par jour. Cela donne, par an, dix-huit ou
trente-six francs, et, pour trente ans, cinq cent-qua-
rante ou mille quatre-vingts francs, c'est-à-dire, de
quoi acheter un champ et une maison.

Un priseur à deux sous par jour, pendant quarante
ans, met inutilement dans son nez une somme ronde
de quinze cents francs, la fortune d'une famille d'ouvriers.

Outre le tabac en poudre, il faut au priseur la tabatière. Des tabatières, il y en a à tous prix. Depuis la queue de rat, en écorce de cerisier, jusqu'à la tabatière d'or , il y a, suivant les goûts et la fortune des amateurs, des tabatières en buis, en corne, en argent. Je veux que les queues de rat ne coûtent pas cher ; mais les tabatières riches, il faut convenir que c'est un argent bien mal employé par l'industrie et qui serait beaucoup mieux placé en tissage d'étoffes pour les pauvres.

Un fumeur dépense facilement, par jour, pour quatre sous de tabac. A quatre sous par jour et en comprenant les allumettes et les pipes, cela donne, par an, environ quatre-vingts francs ; pour dix ans, huit cents francs ; et pour quarante ans, trois mille deux cents francs.

Je puis dire, des pipes riches, ce que j'ai dit des tabatières, un argent fou follement dépensé.

Enfin, en France, nous dépensons en poudre et en fumée de tabac, tant pour les bénéfices des débitants que pour les bénéfices de l'Etat, bon an mal an, deux cent quarante millions de francs. Une somme fabuleuse et qui ne contribue en rien à la prospérité des affaires et à la grandeur du pays.

Ainsi, pères de famille, vous pouvez vous dire : « Ce que je mets là, dans mes narines, ce que je jette là, dans l'air, c'est ce dont j'aurais doté ma fille, c'est ce avec quoi j'aurais racheté mon fils du service militaire, ce qui aurait pu me servir à élever mes enfants, à acheter une maison ou à agrandir mon patrimoine. Et je le dépense sans besoin aucun, sans avantage aucun. Quelle barbarie !

Et vous êtes père ?

VII

Le priseur et le fumeur ne perdent pas seulement l'argent qu'ils dépensent, ils perdent encore celui qu'ils ne gagnent pas. Or, et je ne puis de ceci donner aucune raison démonstrative, mais c'est un fait. Le tabac engendre l'oisiveté ; la pipe et le cigare sont une prime d'encouragement à la fainéantise.

Cela vient-il de ce que l'usage du tabac détend les nerfs, ou de ce qu'il est difficile de travailler avec une pipe à la bouche, ou de ce que la pipe, prêtant à l'orgueil, pousse le fumeur à promener magistralement son importante personne ?

Je ne sais. Mais il est certain que le tabac n'est pas un excitant au travail ; il est surtout un remède à l'ennui que cause la paresse, une distraction d'oisifs ; et quand il a pu exercer sur notre économie animale une longue influence, loin de vivifier, il affaiblit, il énerve, et, par cet affaiblissement, met obstacle aux bénéfices que pourrait faire un vigoureux travailleur.

Je laisse à l'expérience du lecteur le soin de rappeler ici des exemples.

VIII

Le grand côté de la question c'est de savoir si l'usage du tabac n'a pas, sur la santé, des effets déplorables. Dans cette étude, séparons scrupuleusement les questions, pour apporter dans leur examen une sévère exactitude. C'est honorer son lecteur et s'honorer soi-même que de serrer les vérités le plus près possible.

Nous commençons par le tabac à priser.

Le tabac à priser détruit toute jeunesse dans la physionomie humaine. Il donne aux yeux un air morne, au visage une forme étirée, à la peau du nez une couleur jaunâtre, aux manières je ne sais quel tour vieillot qui messied à la jeunesse.

Introduit dans les narines, aspiré légèrement, à petites doses, à d'assez longs intervatles, il stimule la muqueuse olfactive et excite les fonctions du cerveau ; il dissipe même assez volontiers les migraines. C'est ce qui le fait recommander quelquefois par les médecins.

Mais, dans l'usage du tabac comme dans toutes les choses qui flattent la mauvaise nature, il est difficile de se maintenir dans de justes bornes. On tombe facilement dans l'abus, et l'abus du tabac à priser amène les plus terribles résultats. On a vu des personnes frappées d'apoplexie pour en avoir aspiré une trop forte dose. Le professeur Chomel rapporte qu'un de ses amis, ayant humé avec une certaine gourmandise nasale du vrai tabac d'Espagne, tomba en pamoison et faillit mourir.

Si de tels accidents sont rares, les effets morbides du tabac sont très-communs. L'abus qu'on en fait entraîne d'abord la perte de l'odorat. A force d'irriter les membranes intérieures du nez, on les rend insensibles ; leur insensibilité ne permet plus de percevoir les

odeurs ; et la perte de l'odorat entraine l'affaiblissement du goût. Car le goût et l'odorat ne forment, en
quelque sorte, qu'un seul sens dont le nez est la cheminée et la bouche le laboratoire. Les oreilles qui
communiquent à la bouche par un petit canal ressen-
tent le contre-coup de l'affaiblissement et de l'extinc-
tion des deux sens voisins ; et il n'est point rare que
surdité s'en suive. Enfin, par la continuité de l'action
stupéfiante du tabac, le priseur arrive à un affaiblissement progressif des nerfs, à une faiblesse générale
rendue plus douloureuse par les infirmités.

La continuité de l'absorption du tabac empeste l'ha-
leine, met la goutte jaune au bout du nez et vous
donne, pour embellir votre vieillesse, tous les insignes
de la malpropreté.

Sur le retour de l'âge, après s'être longtemps
bourré de grosses prises, il est assez ordinaire que le
nez ne puisse plus retenir cette fine poudre et qu'elle
descende dans l'arrière-bouche, dans la gorge et dans
l'estomac. Dans ce cas, elle ajoute aux maladies de
sérieuses complications, et suffit d'ailleurs à elle
seule pour causer de graves désordres. Pris intérieu-
rement, le tabac en poudre a causé des accidents qui
se sont presque toujours terminés par la mort. Le
poëte Santeuil périt ainsi en proie à des souffrances
atroces pour avoir bu du vin de Champagne dans
lequel on avait malicieusement jeté du tabac.

Le tabac, soumis à une espèce de digestion, dégage
une huile empyreumatique nommée nicotine. Une
seule goutte de ce subtil poison, posée sur la langue,

peut donner la mort d'une manière foudroyante. Un procès célèbre, le procès Bocarmé, est venu mettre en lumière les effets prompts et terribles de ce puissant agent de destruction.

IX

L'habitude de fumer est de beaucoup plus pernicieuse que l'habitude de priser.

D'abord le tuyau de la pipe, par sa dureté, use les dents, et, par sa chaleur constante, amène le cancer des lèvres. En usant les dents, il rend la mastication difficile, la prononciation sifflante ; s'il amène le cancer, par là qu'il découvre la mâchoire, il vous donne une figure de crocodile en attendant qu'il vous envoie au cimetière.

Ensuite l'usage de la pipe et du cigare devient plus promptement une passion impérieuse que l'usage de la tabatière. Le tabac en poudre a une telle vertu délétère, que si vous vous laissiez aller à un abus trop facile et trop large, ce serait à périr. Au contraire, dans la pipe, vous ne servez que de véhicule à la fumée, vous n'êtes que le prolongement du tuyau, la pompe aspirante, et vous essuyez d'une manière moins directe et moins vive l'impression du tabac (1).

(1) Nombre de fumeurs s'imaginent pouvoir emprunter sans inconvénient la pipe d'un camarade. Il y a plus : nombre d'individus fort amateurs de pipes *culottées*, les font préparer par d'autres. C'est une sale manie et une véritable faute. En supposant parfaitement saine la bouche de celui qui a fumé avant vous, il est supposable que sa salive a des qualités différentes de la vôtre. Alors le contact d'une terre poreuse, qui contient le résidu de cette salive doit déterminer les excoriations que tout homme sage s'applique à éviter.

Vous vous laissez donc plus facilement prendre, et, une fois pris, consommant une quantité chaque jour croissante de tabac, vous vous épuisez d'autant plus, que vous vous croyez moins en danger. La passion arrive, et quelle passion !

Les fumeurs passionnés se reconnaissent à leur maigreur, à leur teint d'une pâleur toute particulière ; leurs lèvres sont livides, leurs gencives sont décolorées ou saignantes ; chez eux les sucs salivaires se tarissent ; la soif les tourmente, ils boivent le vin à flots, les bières les plus fortes et trop souvent l'absinthe, autre poison qui fauche tant de victimes. Ils mangent peu et leurs digestions sont laborieuses, par suite de l'état de langueur de l'organe épigastrique ; ils éprouvent des vertiges, des tremblements et finissent par tomber dans le marasme.

Et voilà comment se termine l'existence de tant de braves jeunes gens qui auraient pu, sans cette malheureuse passion, fournir une longue carrière et honorer, par des travaux utiles, leurs familles et leur patrie.

X

Mais le tabac donne des idées et Sganarelle, un fin penseur, ajoute qu'il donne des vertus et de bonnes manières.

Si les bonnes manières sont à ce prix, croyez-m'en, restez gauches. Mais, non ; les bonnes manières sont des grâces d'habitude et l'expression des bons sentiments. Soyez judicieux, droit, humble, prévenant, vous aurez toujours d'assez belles manières.

Quant à l'esprit, n'en parlons pas. Le tabac est l'arsenic des hommes de lettres, le véhicule de la lourdeur, le promoteur de l'hébêtement. La méditation est l'exercice des forts; la plume est l'arme des braves. Pour porter la plume avec honneur et se livrer aux méditations opiniâtres, il faut d'abord savoir se sevrer de plaisirs et s'appliquer ensuite aux sacrifices. Les hautes idées et le noble style ne sont point le fruit spontané des rêves, mais la conquête du talent servi par les vertus.

Quant aux vertus, c'est pis encore. Je croyais, moi, que les vertus étaient l'œuvre du renoncement et la fleur embaumée de la grâce; je croyais que les efforts de notre générosité et les secours du ciel étaient les deux moyens d'en acquérir; et des voix autorisées, et de nobles exemples, avaient pu me confirmer dans ce vieux préjugé. Il paraît que *nous avons changé tout cela.* Maintenant les vertus du tabac seront les vertus de l'homme, et pour être orné de mérites, il suffira de se caresser le nez ou de transformer sa bouche en cheminée de locomotive.

Ah! ridicules que nous sommes! Comment, il faudra qu'on vienne nous dire que l'usage du tabac étant une concession à la mauvaise nature et un raffinement de sensualisme, est la contre-partie de la vertu! Comment, nous aurons besoin qu'on nous démontre que la tabatière et la pipe ne sont pas des sources de grâce! Et nous n'aurons pas honte d'invoquer des idées absurdes pour justifier une pratique qui n'a rien que de déraisonnable !

XI

J'ajoute que le tabac, par ses effets morbides sur l'âme et sur le corps, n'étiole pas seulement les individus, mais doit à la longue, amener la dégénérescence de la race et l'abaissement de la société.

« Voilà, direz-vous, un résultat bien funeste pour une cause si insignifiante. Qu'y a-t-il de commun entre une pipe et la grandeur d'un peuple ? »

La grandeur et la décadence des peuples tiennent à une foule de petites choses, et ces petites choses se résument dans la recherche ou le mépris du plaisir. Les peuples, comme les individus, se fortifient par le travail, les privations, les épreuves ; ils s'affaiblissent par les jouissances et tombent quand, par la génération, les vices d'un grand nombre sont devenus les vices de la foule.

Il n'y a que les justes qui sauvent les peuples, il n'y a que les voluptueux qui les perdent. Et toujours, sur leur tombe, vous voyez le sceau ignoble du plaisir sensuel.

Or, le tabac est un instrument de plaisir et, comme tel, un instrument de décadence. Il n'y a point si longtemps que son usage est devenu populaire et déjà vous pouvez remarquer dans nos infirmités et dans nos œuvres je ne sais quoi qui accuse son influence.

Ainsi nos maladies sont toutes des maladies nerveuses ? D'où vient, sinon de ce que fatigant, épuisant nos nerfs par la jouissance, nous périclitons et sommes punis par où nous avons péché.

Ainsi nos œuvres, même les plus élevées, n'ont pas seulement ce côté faible qui trahit l'infirmité humaine, mais elles ont encore ce côté incertain et même honteux qui révèle quelque funeste et secrète action dissolvante.

Enfin, combien les ouvriers pâlissent à côté des œuvres ! Nous faisons des œuvres gigantesques et nous devenons pygmées.

XII

J'invoquerai contre le tabac un dernier argument : c'est qu'il n'est bon à rien.

L'homme est, dit-on, un animal raisonnable. Les occasions de voir qu'il est animal sont assez communes, les occasions de voir qu'il est raisonnable ne le sont point autant qu'on le désirerait. Quelles que soient ses faiblesses, ce n'est pas moins son devoir et son honneur de ne rien faire sans raison. Dans l'entretien de sa petite personne surtout, il doit s'inspirer des préceptes de l'expérience et s'interdire non-seulement ce qui nuit, mais ce qui n'est point bon.

Or, je le répète, le tabac n'est en rien utile à notre entretien. Cela est parfaitement prouvé par le témoignage des médecins, par la bonne santé des personnes qui n'usent point de tabac, et par la grande expérience de tous les peuples avant l'introduction du tabac en Europe.

Au reste, il n'est pas difficile de comprendre que Dieu ayant créé l'homme et s'étant complu dans le chef-d'œuvre de ses mains, a du le dispenser de s'enfumer la bouche et de s'empester les narines.

La prise, direz-vous, provoque les membranes et favorise l'écoulement des humeurs. — Croyez-vous donc que les humeurs ne s'écouleraient point sans la provocation de la prise ?

La pipe, direz-vous, favorise l'expectoration. — Mais un vrai fumeur ne crache point et pour cracher tout à son aise, il est parfaitement inutile de fumer.

Je dois même ajouter que le fumeur et le chiqueur qui crachent sans cesse, privent évidemment le tube digestif d'une bonne partie de salive, c'est-à-dire d'un liquide indispensable à la digestion ; par conséquent il en résulte des digestions laborieuses et une réparation alimentaire insuffisante.

Il se peut faire qu'après avoir contracté l'habitude, la pipe et la tabatière aient créé des courants d'humeurs. Mais c'est là un besoin factice et point naturel et le bien qu'on éprouve à le satisfaire n'est pas plus un bien à envier que le bien qu'on éprouve dans la guérison d'un mal. Mieux vaut cent fois n'avoir pas de plaies que de ressentir du bien à les cicatriser.

Le tabac (sauf le cas de maladie constatée par les médecins) n'est donc aucunement utile. Si vous étiez millionnaire, du moment qu'il faut toujours perdre son argent à quelque chose, j'aimerais autant vous le voir gaspiller en fumée qu'en autres folies. Mais vous n'êtes pas riche, vous devez être économe et devez vous interdire une drogue qui, ne vous fît-elle aucun mal, aurait encore l'inconvénient de perdre à des riens le plus clair de vos bénéfices.

XIII

« Je suis vieux, direz-vous, comment donc m'y prendre pour me corriger? »

Se corriger est toujours difficile, mais c'est toujours possible ; il ne faut, pour y réussir, qu'un peu de prudence et beaucoup de volonté.

Beaucoup de volonté d'abord. Si vous n'aviez qu'une résolution vague, un désir faible, une volonté changeante vous n'en viendrez point à bout. Il faut vous dire, sans autre préambule : « Je veux me corriger et je me corrigerai. » Et tenir parole en homme d'honneur.

Ensuite un peu de prudence. Car si vous vouliez rompre subitement, sans transition, sans ménagements, il se pourrait faire que l'habitude invétérée, abandonnée tout à coup, vous fît éprouver des malaises et vint à vous persuader de l'impossibilité de renoncer au tabac.

Voici, au surplus, ce qu'indique le bon sens. La première semaine, prenez pour un sou de tabac en moins, fumez en moins une demi-douzaine de pipes, continuez, s'il le faut, plusieurs semaines ce petit régime de diminution. Lorsqu'il est entré dans vos habitudes, opérez une diminution nouvelle à laquelle vous vous faites dans un certain laps de temps. Et allez, de diminutions peu sensibles en diminutions, de manière à arriver, sans secousse, sans crise, presque sans effort, à la suppression de la pipe ou de la tabatière.

Si, malgré votre prudence, le courant d'humeur, ne trouvant plus à s'épancher, vous faisait éprouver quelques lourdeurs, dites-vous qu'on ne triomphe pas, sans difficulté, d'une mauvaise habitude. Mais la difficulté fait le mérite. De plus, rien n'empêche de demander à la médecine des dérivatifs pour tarir ce courant ou lui faire prendre une autre direction.

Mais soyez bien persuadé que vous pouvez vous corriger. Vous le pouvez si vous le voulez. L'expérience ne le prouve pas moins que la raison et de nombreux exemples pourraient ici se produire ! A votre bravoure d'en grossir la liste.

XIV

Pour vous, jeunes gens, vous êtes la fleur de la nation et c'est dans la fleur d'un peuple qu'il faut en cultiver le fruit.

Amour de l'étude, besoin de croyances, esprit dégagé de préventions, cœur libre de préjugés, zèle de propagande, ardentes sympathies, désintéressement, bonne foi, enthousiasme pour tout ce qui est bon, beau, simple, grand, honnête, religieux, tels sont les précieux attributs de la jeunesse. Gardez ces nobles prérogatives, appliquez-vous à les féconder et permettez-moi de vous dédier cette petite exquisse. J'ai voulu, dans ces courtes paroles, vous signaler un écueil. C'est une semence qui n'a pas en elle de principe de vie si elle ne germe sur le sol généreux de votre dévouement.

J'aurais pu vous offrir un tableau, je ne vous livre qu'une ébauche. En la voyant, puissent plusieurs d'entre vous s'écrier :

« Décidément, la pipe et la tabatière sont deux machines beaucoup plus redoutables qu'elles n'en ont l'air. Avec leur mine doucereuse et les petits plaisirs qu'elles vous promettent, — car elles ne font guère que promettre, — ce sont de vrais engins de destruction. Destruction des sentiments de sacrifice, abaissement de l'esprit, ruine de la santé, perte d'argent, plaisir ridicule, satisfaction inutile quand elle n'est pas nuisible : voilà leur ouvrage. Je ne prendrai jamais de abac. »

OUVRAGES DU MÊME AUTEUR :

Le Budget du Presbytère, in-8. . . . . 1 fr.
Du Gouvernement temporel de la Providence,
    2 vol. in-12. . . . . 5 fr.
Du Mystère de la Souffrance. 1 vol. in-12. . . 2 50
De l'éducation des enfants a la maison pater-
    nelle, 1 vol. in-18 . . . . 1 fr.
Histoire de Louze, in-12. . . . . 75 c.
La Chine en 1859.
La piété envers l'Eglise.
La prédestination de Rome.
Les missions catholiques.
La vie réelle dans les forges.

Wassy, Imp. Mougin-Dallemagne.